1 整数と小数（

1 □にあてはまる数をかきまし

① $3.14 = 1 \times$ □ $+ 0.1 \times$ □ $+ 0.01 \times$ □

② $0.35 = 1 \times$ □ $+ 0.1 \times$ □ $+ 0.01 \times$ □

③ $8.246 = 1 \times$ □ $+ 0.1 \times$ □ $+ 0.01 \times$ □

　　　　$+ 0.001 \times$ □

④ $7.357 = 1 \times$ □ $+ 0.1 \times$ □ $+ 0.01 \times$ □

　　　　$+ 0.001 \times$ □

⑤ 2.13 は、0.01 を □ 個集めた数です。

⑥ 4.59 は、0.01 を □ 個集めた数です。

⑦ 3.584 は、0.001 を □ 個集めた数です。

2 □にあてはまる不等号をかきましょう。

① 0.1 □ 0　　　② 0.01 □ 0.001

③ 2.991 □ 3　　　④ 4 □ 3.128

2 整数と小数（2）

1 次の数を 10 倍、100 倍、1000 倍した数をかきましょう。

① 2.84

　　10 倍（　　　　） 100 倍（　　　　　） 1000 倍（　　　　　）

② 3.49

　　10 倍（　　　　） 100 倍（　　　　　） 1000 倍（　　　　　）

③ 4.375

　　10 倍（　　　　） 100 倍（　　　　　） 1000 倍（　　　　　）

2 次の数を $\frac{1}{10}$、$\frac{1}{100}$、$\frac{1}{1000}$ した数をかきましょう。

① 637

　　$\frac{1}{10}$（　　　　） $\frac{1}{100}$（　　　　　） $\frac{1}{1000}$（　　　　　）

② 489

　　$\frac{1}{10}$（　　　　） $\frac{1}{100}$（　　　　　） $\frac{1}{1000}$（　　　　　）

③ 1234

　　$\frac{1}{10}$（　　　　） $\frac{1}{100}$（　　　　　） $\frac{1}{1000}$（　　　　　）

3　小数のかけ算 （1）

1m80円のリボンを 2.4m 買った代金を考えます。

$$80 \times 2.4 = (80 \times 24) \div 10$$
$$= 1920 \div 10$$
$$= 192$$

小数点を考えないで計算して、
小数点を 1 つ左に移します。

```
     8 0
  ×  2.4
     3 2 0
  1 6 0
  1 9 2.0
```

＊　次の計算をしましょう。

①
```
     3 4
  ×  3.6
```

②
```
     2 5
  ×  4.7
```

③
```
     5 7
  ×  6.3
```

4 小数のかけ算（2）

5.4 × 3.8 を筆算でするとき

① 小数点を考えないで計算する。

② 小数点以下が 2 個。積の小数点を 2 つ移す。

これを式で表すと

$5.4 \times 3.8 = (54 \times 38) \div 100$

$= 2052 \div 100$

$= 20.52$

```
      5.4
  ×   3.8
      4 3 2
  1 6 2
  2 0.5 2
```

✳ 次の計算をしましょう。

①
```
    3.6
  × 8.4
```

②
```
    6.7
  × 4.2
```

③
```
    7.9
  × 8.6
```

5　小数のかけ算（3）

＊　次の計算をしましょう。

①
```
    5.7
×   7.2
```

②
```
    3.8
×   8.9
```

③
```
    7.8
×   9.8
```

④
```
    9.4
×   7.8
```

⑤
```
    7.9
×   6.8
```

⑥
```
    5.3
×   9.5
```

⑦
```
    4.6
×   6.8
```

⑧
```
    4.9
×   4.8
```

⑨
```
    9.7
×   3.5
```

6 小数のかけ算（4）

✱ 次の計算をしましょう。

①

$$\begin{array}{r} 5.4 \\ \times\ 7.5 \\ \hline \end{array}$$

②

$$\begin{array}{r} 2.5 \\ \times\ 6.2 \\ \hline \end{array}$$

③

$$\begin{array}{r} 3.6 \\ \times\ 9.5 \\ \hline \end{array}$$

④

$$\begin{array}{r} 4.4 \\ \times\ 2.5 \\ \hline \end{array}$$

⑤

$$\begin{array}{r} 3.6 \\ \times\ 7.5 \\ \hline \end{array}$$

⑥

$$\begin{array}{r} 6.8 \\ \times\ 3.5 \\ \hline \end{array}$$

⑦

$$\begin{array}{r} 6.4 \\ \times\ 9.5 \\ \hline \end{array}$$

⑧

$$\begin{array}{r} 7.8 \\ \times\ 3.5 \\ \hline \end{array}$$

⑨

$$\begin{array}{r} 9.5 \\ \times\ 7.2 \\ \hline \end{array}$$

7 小数のかけ算（5）

✳ 次の計算をしましょう。

①
$$\begin{array}{r} 0.3 \\ \times\ 0.6 \\ \hline \end{array}$$

②
$$\begin{array}{r} 0.8 \\ \times\ 0.7 \\ \hline \end{array}$$

③
$$\begin{array}{r} 0.2 \\ \times\ 0.9 \\ \hline \end{array}$$

④
$$\begin{array}{r} 0.5 \\ \times\ 0.4 \\ \hline \end{array}$$

⑤
$$\begin{array}{r} 0.6 \\ \times\ 0.5 \\ \hline \end{array}$$

⑥
$$\begin{array}{r} 0.5 \\ \times\ 0.8 \\ \hline \end{array}$$

⑦
$$\begin{array}{r} 0.06 \\ \times\ 0.4 \\ \hline \end{array}$$

⑧
$$\begin{array}{r} 0.07 \\ \times\ 0.8 \\ \hline \end{array}$$

⑨
$$\begin{array}{r} 1.23 \\ \times\ 0.2 \\ \hline \end{array}$$

⑩
$$\begin{array}{r} 0.02 \\ \times\ 0.5 \\ \hline \end{array}$$

⑪
$$\begin{array}{r} 0.05 \\ \times\ 0.8 \\ \hline \end{array}$$

⑫
$$\begin{array}{r} 1.25 \\ \times\ 0.2 \\ \hline \end{array}$$

8 小数のかけ算（6）

✳ 次の計算をしましょう。

①

$$\begin{array}{r} 1.89 \\ \times\ \ 6.7 \\ \hline \end{array}$$

②

$$\begin{array}{r} 5.79 \\ \times\ \ 9.7 \\ \hline \end{array}$$

③

$$\begin{array}{r} 1.58 \\ \times\ \ 7.9 \\ \hline \end{array}$$

④

$$\begin{array}{r} 3.67 \\ \times\ \ 6.3 \\ \hline \end{array}$$

⑤

$$\begin{array}{r} 3.46 \\ \times\ \ 7.5 \\ \hline \end{array}$$

⑥

$$\begin{array}{r} 6.14 \\ \times\ \ 4.5 \\ \hline \end{array}$$

9 小数のわり算（1）

リボンを 2.5m 買ったら、代金は 400 円でした。
このリボン 1m のねだんを考えます。

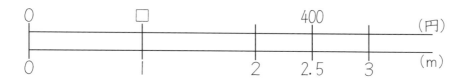

わり算の性質※より
$400 ÷ 2.5 = 4000 ÷ 25$
$= 160$

※わる数、わられる数を
　10倍しても商は等しい。

```
        1 6 0.
2.5) 4 0 0  0
     2 5
     1 5 0
     1 5 0
           0
```

✳ 次の計算をしましょう。

①

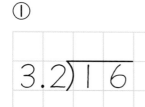

②

10 小数のわり算（2）

＊ 次の計算をしましょう。

①

$$5.2 \overline{)\ 2\ 0.8}$$

②

$$4.3 \overline{)\ 2\ 5.8}$$

③

$$2.6 \overline{)\ 2\ 0.8}$$

④

$$4.8 \overline{)\ 3\ 3.6}$$

⑤

$$1.3 \overline{)\ 1\ 8.2}$$

⑥

$$2.4 \overline{)\ 2\ 8.8}$$

小数のわり算（3）

✳ 次の計算をしましょう。

①

0.2)1.7

②

③

④

小数のわり算（4）

✳ 次の計算をしましょう。

①

0.8)0.4

②

0.5)0.3

③

0.6)0.36

④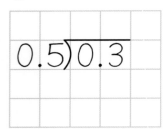

0.3)0.15

⑤

1.2)0.6

⑥

2.4)1.2

小数のわり算（5）

✳ わり切れるまで計算をしましょう。

①
$$6.4\overline{)4.8}$$

②
$$2.5\overline{)2.3}$$

③
$$1.2\overline{)0.9}$$

④
$$3.2\overline{)0.8}$$

小数のわり算 （6）

1 わり切れるまで計算をしましょう。

①

$$5.6 \overline{)9.8}$$

②

$$5.2 \overline{)6.5}$$

2 商が6より大きくなるものを選びましょう。

① $6 \div 0.2$

② $6 \div 1.2$

③ $6 \div 1.7$

④ $6 \div 2.1$

⑤ $6 \div 2.3$

⑥ $6 \div 0.3$

（　　　　　　　）

15 小数のわり算（7）

2.8 ÷ 0.3 の商は一の位まで求め、
あまりを出すとき、わられる数の
もとの小数点を下ろします。

```
          9
0.3)2.8
      2 7
      0.1
```

※　商は一の位まで求め、あまりを出しましょう。

①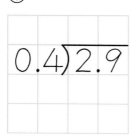

0.4)2.9

②

0.7)2.3

③

2.7)2 3.2

④

3.6)2 1.8

16 小数のわり算 (8)

1 $\frac{1}{100}$ の位を四捨五入して、$\frac{1}{10}$ の位まで求めましょう。

① 2.36 （　　　　　　）　② 5.24 （　　　　　　）

③ 3.51 （　　　　　　）　④ 6.67 （　　　　　　）

⑤ 4.75 （　　　　　　）　⑥ 3.42 （　　　　　　）

2 商は四捨五入して、$\frac{1}{10}$ の位まで求めましょう。

①

（　　　　　）

②

（　　　　　）

17 整数の性質（1）

　２でわり切れる整数を **偶数**、２でわり切れない整数を **奇数** といいます。０は偶数とします。

1 次の数を奇数と偶数に分けましょう。

12　　15　　21　　26　　38　　39

奇数（　　　　　　　　　）　　　偶数（　　　　　　　　　）

2 次の数を奇数と偶数に分けましょう。

135　　158　　231　　254　　338　　349

奇数（　　　　　　　　　）　　　偶数（　　　　　　　　　）

3 次の計算をした後の数は奇数ですか、偶数ですか。

① 奇数＋奇数　　　　　（　　　　　　　　）

② 偶数＋奇数　　　　　（　　　　　　　　）

③ 奇数×奇数　　　　　（　　　　　　　　）

④ 偶数×奇数　　　　　（　　　　　　　　）

⑤ 偶数×偶数　　　　　（　　　　　　　　）

18　整数の性質（2）

3に整数をかけてできる数を　**3の倍数**　といいます。

1　次の倍数を小さい方から3つかきましょう。

① 3の倍数　　　（　　　　　　　　　）

② 4の倍数　　　（　　　　　　　　　）

③ 5の倍数　　　（　　　　　　　　　）

④ 6の倍数　　　（　　　　　　　　　）

⑤ 7の倍数　　　（　　　　　　　　　）

⑥ 8の倍数　　　（　　　　　　　　　）

⑦ 9の倍数　　　（　　　　　　　　　）

2　次の倍数を小さい方から3つかきましょう。

① 10の倍数　　（　　　　　　　　　）

② 11の倍数　　（　　　　　　　　　）

③ 12の倍数　　（　　　　　　　　　）

④ 13の倍数　　（　　　　　　　　　）

整数の性質（3）

2の倍数　2、4、6、8、10、12、14、16、18、……
3の倍数　3、6、9、12、15、18、21、24、27、……
2と3の共通な倍数を、**2と3の公倍数** といいます。
　2と3の公倍数は、6、12、18、……です。公倍数のうちで一番小さい数を **最小公倍数** といいます。

＊　2つの数の公倍数を小さい方から3つかきましょう。

① 3の倍数　3、6、9、12

　4の倍数　4、8、12

　3と4の公倍数　（　　　　　　　　　）

② 4の倍数

　6の倍数

　4と6の公倍数　（　　　　　　　　　）

③ 2の倍数

　4の倍数

　2と4の公倍数　（　　　　　　　　　）

整数の性質（4）

最小公倍数を求めるときは、次のようにします。
　共通にわれるものが1のとき、2のとき、3のとき……
と考えて

```
1)2 3
  2 3
```
最小公倍数
1×2×3＝6

```
2)2 4
  1 2
```
最小公倍数
2×1×2＝4

```
3)6 9
  2 3
```
最小公倍数
3×2×3＝18

＊ 最小公倍数を求めましょう。

① 　3　4
（　　）

② 　2　6
（　　）

③ 　6　8
（　　）

④ 　4　5
（　　）

⑤ 　4　8
（　　）

⑥ 　6　9
（　　）

整数の性質（5）

月　日

　ある数をわり切ることができる整数を、その数の **約数** といいます。

＊ 約数に○をつけましょう。

① 3の約数　　１　2　3
② 4の約数　　１　2　3　4
③ 5の約数　　１　2　3　4　5
④ 6の約数　　１　2　3　4　5　6
⑤ 8の約数　　１　2　3　4　5　6　7　8
⑥ 9の約数　　１　2　3　4　5　6　7　8　9

　12の約数は、１でわる。
　　　　　　12÷１＝12なので12÷12＝１
　　　　　　１と12が約数
　　　　2でわる。
　　　　　12÷2＝6なので12÷6＝2
　　　　　2と6が約数
　　　　3でわる。
　　　　　12÷3＝4なので12÷4＝3
　　　　　3と4が約数
　12の約数は、１、2、3、4、6、12となります。

整数の性質（6）

　10 の約数　1、2、5、10
　15 の約数　1、3、5、15
　10 と 15 の共通な約数を、**10 と 15 の公約数** といいます。
10 と 15 の公約数は、1、5です。公約数で一番大きいもの
を **最大公約数** といいます。

＊ 次の数の公約数を求めましょう。

① 8 の約数　　　1、2、4、8

　12 の約数　　　1、2、3、4、6、12

　8 と 12 の公約数　　（　　　　　　　　　）

② 12 の約数

　18 の約数

　12 と 18 の公約数　　（　　　　　　　　　）

③ 16 の約数

　24 の約数

　16 と 24 の公約数　　（　　　　　　　　　）

整数の性質（7）

最大公約数を求めるとき、次のようにします。

①
$$\begin{array}{c|cc} 1) & 2 & 3 \\ \hline & 2 & 3 \end{array}$$

最大公約数
1

②
$$\begin{array}{c|cc} 2) & 2 & 4 \\ \hline & 1 & 2 \end{array}$$

最大公約数
2

③
$$\begin{array}{c|cc} 2) & 8 & 12 \\ 2) & 4 & 6 \\ \hline & 2 & 3 \end{array}$$

最大公約数
$2 \times 2 = 4$

✲ 最大公約数を求めましょう。

① 28 8 （　　）

② 9 27 （　　）

③ 16 20 （　　）

④ 9 36 （　　）

⑤ 14 49 （　　）

⑥ 18 24 （　　）

24 整数の性質（8）

1　たて 24cm、横 30cm の長方形の紙があります。この紙からあまりを出さないで同じ正方形をつくりたいと思います。最大の正方形をつくるとき、1辺を何 cm にしたらよいですか。

答え _____

2　駅から電車は 15 分おきに、バスは 20 分おきに発車します。午前7時に電車とバスは同時に発車しました。次に同時に発車するのは何時ですか。

答え _____

月　　日

　きちんと重ね合わせることができる２つの図形は **合同である** といいます。合同な図形を重ねたとき、重なり合うちょう点、辺、角をそれぞれ **対応するちょう点、対応する辺、対応する角** といいます。

✳ ２つの三角形は合同です。

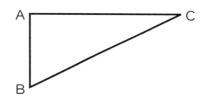 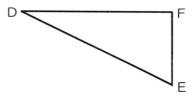

①　対応するちょう点をかきましょう。

（ 点Ａと　　　　 ）（ 点Ｂと　　　　 ）（ 点Ｃと　　　　 ）

②　対応する辺をかきましょう。

（ 辺ＡＢと　　　　　 ）（ 辺ＢＣと　　　　　　 ）

（ 辺ＣＡと　　　　 ）

③　対応する角をかきましょう。

（ 角Ａと　　　　 ）（ 角Ｂと　　　　 ）（ 角Ｃと　　　　 ）

合同な図形 （2）

✳ 合同な図形を見つけましょう。

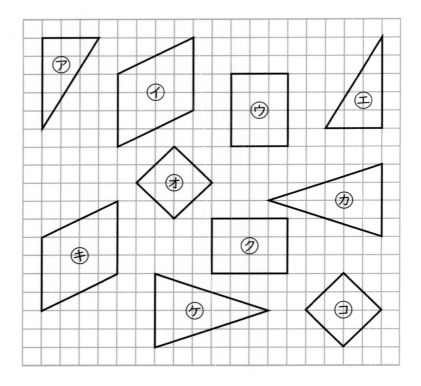

(　　 と 　　) (　　 と 　　)

(　　 と 　　) (　　 と 　　)

(　　 と 　　)

３辺の長さが
決まっている三角形

辺 BC ＝ 5 cm をかく。

B を中心として半径4cm
の円をかく。

C を中心として半径2cm
の円をかく。

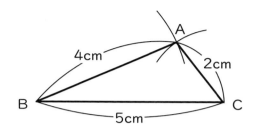

✳ 3辺の長さが5cm、6cm、4cmの三角形をかきましょう。

———————————————————

6cm

2辺とその間の角が
決まっている三角形
辺 BC ＝ 5cm をかく。
角 B が 40°の直線をひく。
辺 BA ＝ 4cm に点 A をとる。

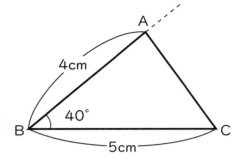

* 　2辺が 4cm、6cm で、その間の角が 50°の三角形をか
きましょう。

─────────────
6cm

合同な図形（5）

１辺の長さと、その両はしの角が
決まっている三角形
辺 BC ＝ 5 cm をかく。
角 B が 60°の直線をひく。
角 C が 40°の直線をひく。
２直線の交点が点 A になる。

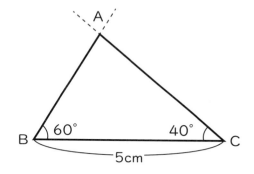

＊　１辺が 6 cm で、両はしの角が 70°と 40°の三角形をか
きましょう。

6cm

✳　AB＝3cm、BC＝5cm、CA＝5cm、CD＝4cm、
DA＝3cm の四角形をかきましょう。

　図はちぢめてあります。

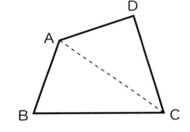

31 分　数 (1)

　分数の分母と分子を同じ数でわって、小さい分数で表すことを **約分** といいます。

✳ 約分しましょう。

① $\dfrac{2}{4} =$

② $\dfrac{12}{14} =$

③ $\dfrac{8}{18} =$

④ $\dfrac{2}{6} =$

⑤ $\dfrac{8}{10} =$

⑥ $\dfrac{2}{8} =$

⑦ $\dfrac{3}{9} =$

⑧ $\dfrac{9}{15} =$

⑨ $\dfrac{6}{9} =$

⑩ $\dfrac{12}{15} =$

⑪ $\dfrac{5}{10} =$

⑫ $\dfrac{30}{45} =$

32 分　数（2）

分数の分母をそろえることを **通分** といいます。

＊ 次の分数を通分しましょう。

① $\dfrac{1}{2}$ と $\dfrac{1}{3}$

② $\dfrac{1}{4}$ と $\dfrac{1}{3}$

③ $\dfrac{3}{4}$ と $\dfrac{4}{7}$

④ $\dfrac{2}{3}$ と $\dfrac{3}{5}$

⑤ $\dfrac{5}{6}$ と $\dfrac{2}{5}$

⑥ $\dfrac{3}{4}$ と $\dfrac{4}{5}$

⑦ $\dfrac{1}{2}$ と $\dfrac{2}{5}$

33 **分　数（3）**

＊　次の分数を通分しましょう。

① $\frac{1}{2}$　と　$\frac{3}{4}$

② $\frac{1}{2}$　と　$\frac{5}{6}$

③ $\frac{3}{4}$　と　$\frac{3}{8}$

④ $\frac{2}{3}$　と　$\frac{5}{9}$

⑤ $\frac{1}{4}$　と　$\frac{5}{12}$

⑥ $\frac{9}{10}$　と　$\frac{4}{5}$

⑦ $\frac{10}{21}$　と　$\frac{3}{7}$

⑧ $\frac{13}{18}$　と　$\frac{5}{6}$

分　数（4）

＊　次の分数を通分しましょう。

① $\dfrac{1}{6}$　と　$\dfrac{1}{9}$

② $\dfrac{1}{4}$　と　$\dfrac{1}{6}$

③ $\dfrac{2}{9}$　と　$\dfrac{1}{6}$

④ $\dfrac{1}{10}$　と　$\dfrac{1}{15}$

⑤ $\dfrac{1}{8}$　と　$\dfrac{1}{6}$

⑥ $\dfrac{3}{8}$　と　$\dfrac{5}{12}$

⑦ $\dfrac{4}{21}$　と　$\dfrac{3}{14}$

⑧ $\dfrac{5}{12}$　と　$\dfrac{7}{15}$

35　分数のたし算・ひき算（1）

＊ 次の計算をしましょう。

① $\dfrac{1}{2} + \dfrac{2}{7} =$

② $\dfrac{3}{4} + \dfrac{1}{7} =$

③ $\dfrac{1}{7} + \dfrac{1}{14} =$

④ $\dfrac{3}{4} + \dfrac{1}{16} =$

⑤ $\dfrac{1}{8} + \dfrac{1}{10} =$

⑥ $\dfrac{5}{8} + \dfrac{1}{6} =$

⑦ $\dfrac{3}{4} + \dfrac{1}{10} =$

⑧ $\dfrac{5}{9} + \dfrac{1}{6} =$

分数のたし算・ひき算（2）

* 次の計算をしましょう。

① $\dfrac{1}{4} + \dfrac{5}{12} =$

② $\dfrac{4}{15} + \dfrac{2}{5} =$

③ $\dfrac{2}{9} + \dfrac{5}{18} =$

④ $\dfrac{1}{5} + \dfrac{7}{15} =$

⑤ $\dfrac{1}{15} + \dfrac{1}{10} =$

⑥ $\dfrac{3}{10} + \dfrac{1}{6} =$

⑦ $\dfrac{3}{20} + \dfrac{13}{30} =$

⑧ $\dfrac{2}{15} + \dfrac{5}{12} =$

分数のたし算・ひき算（3）

* 次の計算をしましょう。

① $1\dfrac{1}{3} + 1\dfrac{1}{3} =$

② $1\dfrac{4}{5} + 1\dfrac{7}{15} =$

③ $2\dfrac{2}{3} + \dfrac{3}{4} =$

④ $2\dfrac{7}{8} + \dfrac{1}{6} =$

38　分数のたし算・ひき算（4）

1　$\frac{3}{4}$ L の水と $\frac{5}{6}$ L の水があります。あわせて何 L ですか。

式

答え _____

2　きのう $3\frac{1}{7}$ km 歩き、きょうは $2\frac{5}{9}$ km 歩きました。あわせて何 km 歩きましたか。

式

答え _____

3　ある本をきのう全体の $\frac{1}{4}$ 読み、きょうは全体の $\frac{1}{5}$ を読みました。2日間で全体のどれだけ読みましたか。

式

答え _____

39 分数のたし算・ひき算（5）

＊ 次の計算をしましょう。

① $\dfrac{1}{6} - \dfrac{1}{7} =$

② $\dfrac{1}{3} - \dfrac{1}{8} =$

③ $\dfrac{1}{5} - \dfrac{1}{15} =$

④ $\dfrac{2}{3} - \dfrac{5}{9} =$

⑤ $\dfrac{1}{4} - \dfrac{1}{6} =$

⑥ $\dfrac{5}{12} - \dfrac{1}{8} =$

⑦ $\dfrac{5}{6} - \dfrac{3}{8} =$

⑧ $\dfrac{7}{12} - \dfrac{2}{9} =$

分数のたし算・ひき算（6）

＊　次の計算をしましょう。

① $\dfrac{7}{9} - \dfrac{5}{18} =$

② $\dfrac{5}{12} - \dfrac{1}{4} =$

③ $\dfrac{23}{24} - \dfrac{3}{8} =$

④ $\dfrac{7}{30} - \dfrac{2}{15} =$

⑤ $\dfrac{5}{6} - \dfrac{7}{10} =$

⑥ $\dfrac{5}{12} - \dfrac{4}{15} =$

⑦ $\dfrac{13}{15} - \dfrac{1}{6} =$

⑧ $\dfrac{14}{15} - \dfrac{1}{10} =$

分数のたし算・ひき算（7）

＊　次の計算をしましょう。

① $3\dfrac{2}{3} - 2\dfrac{1}{3} =$

② $2\dfrac{2}{5} - 1\dfrac{1}{15} =$

③ $4\dfrac{3}{4} - 1\dfrac{5}{8} =$

④ $2\dfrac{5}{6} - 1\dfrac{2}{5} =$

分数のたし算・ひき算 (8)

1 $\frac{5}{6}$ L の牛にゅうがあります。$\frac{1}{4}$ L 飲むと残りは何L ですか。

式

答え _____

2 $\frac{4}{5}$ L の油のうち、$\frac{1}{2}$ L を使いました。残りは何L ですか。

式

答え _____

3 学校から東に $1\frac{7}{10}$ km のところに図書館があります。学校から西に $1\frac{1}{4}$ km のところに公園があります。学校からの長さはどれだけちがいますか。

式

答え _____

図形の面積 (1)

平行四辺形 ABCD の面積は、三角形 ABE を三角形 DCF に移すと長方形となり、AE × EF です。

面積は

平行四辺形＝底辺×高さ

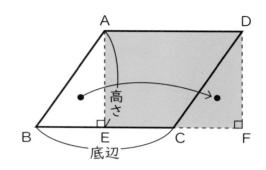

✳ 次の平行四辺形の面積を求めましょう。

①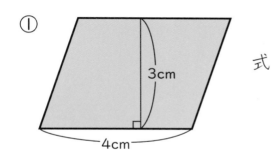

3cm

4cm

式

答え＿＿＿＿＿＿＿＿＿＿＿

②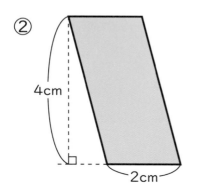

4cm

2cm

式

答え＿＿＿＿＿＿＿＿＿＿＿

44 図形の面積（2）

1 次の平行四辺形の面積を求めましょう。

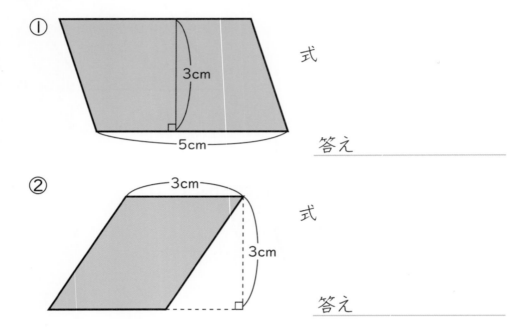

① 式

答え _____

② 式

答え _____

2 ２本の平行線の間にある A の面積は６cm² です。B、C の面積を求めましょう。

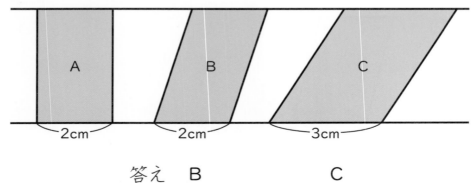

答え　B _____　　C _____

45 図形の面積（3）

三角形 **ABC** の面積は、同じ大きさの三角形 **CDA** を加えると平行四辺形 **ABCD** となります。面積は
三角形＝底辺×高さ÷2

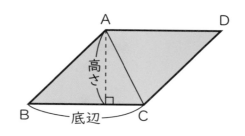

✳ 次の三角形の面積を求めましょう。

①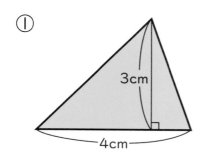

3cm

4cm

式

答え ＿＿＿＿＿＿＿＿＿＿

②

3cm

4cm

式

答え ＿＿＿＿＿＿＿＿＿＿

46 図形の面積（4）

1 次の三角形の面積を求めましょう。

①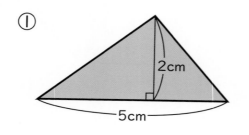

式

答え _____

②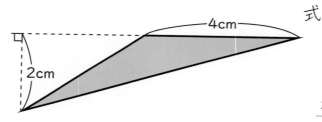

式

答え _____

2 ２本の平行線の間にある A の面積は３cm² です。B、C の面積を求めましょう。

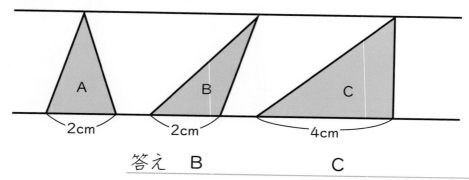

答え　B _____　　C _____

図形の面積（5）

台形 ABCD の面積は、同じ台形 EFDC を加えて平行四辺形 ABEF となります。面積は

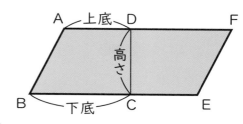

台形＝（上底＋下底）×高さ÷2

* 次の台形の面積を求めましょう。

①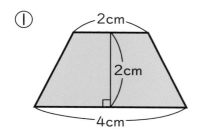

式

答え _____

②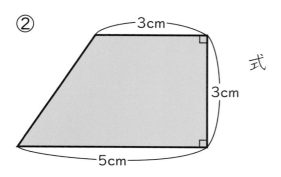

式

答え _____

図形の面積 （6）

　ひし形 ABCD の面積は、対角線 AC と対角線 BD をたて、横とする長方形の半分です。面積は

ひし形＝対角線×対角線÷2

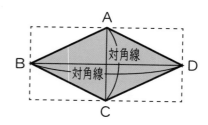

* 　次のひし形の面積を求めましょう。

①

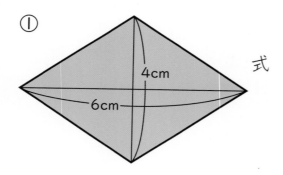

式

答え _____

②

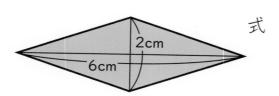

式

答え _____

多角形と円周 (1)

辺の長さが等しく、角の大きさもみんな等しい多角形を**正多角形**といいます。

＊ 次の図形の名前をかきましょう。

①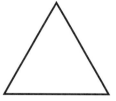

（　　　　　　）

②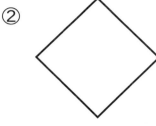

（　　　　　　）

③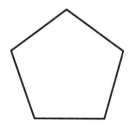

（　　　　　　）

④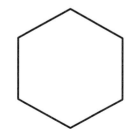

（　　　　　　）

多角形と円周（2）

1 正六角形と正八角形をかきましょう。

①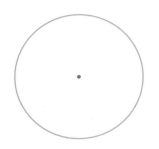

②

2 次の図形の中心角を求めましょう。

①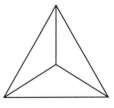

（　　　　　　）

②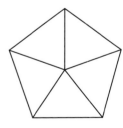

（　　　　　　）

③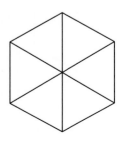

（　　　　　　）

④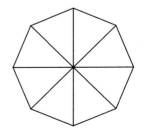

（　　　　　　）

51 多角形と円周 (3)

円の周りを **円周** といいます。円周÷直径 のあたいはどの円でも同じになります。**円周÷直径＝円周率**

ふつう円周率は 3.14 を使い、**円周＝直径×円周率** で表すことができます。

✳ 次の円周の長さを求めましょう。

①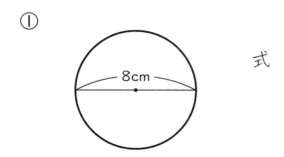

式

答え _____

②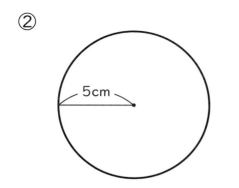

式

答え _____

多角形と円周（4）

月　日

1 次の円の直径を求めましょう。

円周は 31.4cm

直径

式

答え＿＿＿＿＿＿＿＿＿＿

2 周りの長さを求めましょう。

①

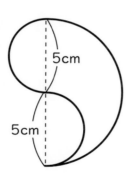

5cm

5cm

②

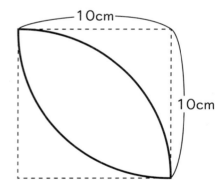

10cm

10cm

式

答え＿＿＿＿＿＿＿＿＿＿

式

答え＿＿＿＿＿＿＿＿＿＿

53 角柱と円柱（1）

図のような立体を
角柱 といいます。形も
大きさも等しい2つの
平面を **底面**、周りの面
を **側面** といいます。

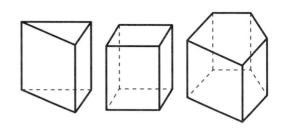

＊ 次の立体の名前をかきましょう。

①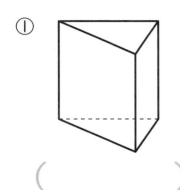

（　　　　　　）

②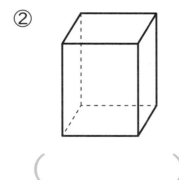

（　　　　　　）

③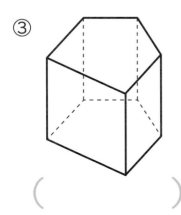

（　　　　　　）

④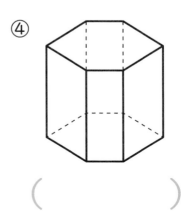

（　　　　　　）

54 角柱と円柱 (2)

図のような立体を **円柱** といいます。円柱の側面は、平面ではなく、**曲面** になっています。

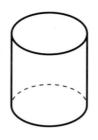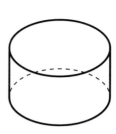

＊ 次の立体の数をかきましょう。

① 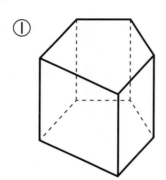　② 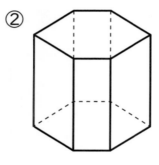　③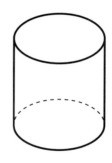

	①	②	③
ちょう点の数			
辺の数			
側面の数			
底面の数			

角柱と円柱 (3)

＊　次の立体の展開図を
　かきましょう。

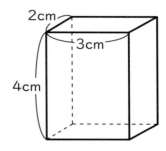

2cm
3cm
4cm

56 角柱と円柱（4）

＊ 次の立体の展開図を
かきましょう。

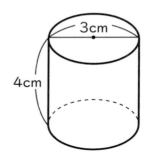

57 体 積 (1)

かさのことを **体積** といいます。

１辺が１cm の立方体の体積を、**１立方センチメートル** といって、**１cm³** とかきます。

体積は、１cm³ の立方体が何個分あるかで表します。

＊ 立方体は１cm³ です。次の体積を求めましょう。

①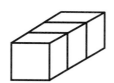

式

答え＿＿＿＿＿＿＿＿＿＿＿＿

②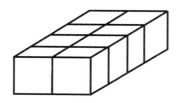

式

答え＿＿＿＿＿＿＿＿＿＿＿＿

③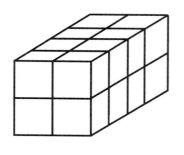

式

答え＿＿＿＿＿＿＿＿＿＿＿＿

58　体　積（2）

直方体の体積＝たて×横×高さ
立方体の体積＝１辺×１辺×１辺

* 次の立体の体積を求めましょう。

①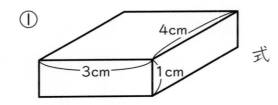

式

答え＿＿＿＿＿＿＿

②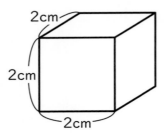

式

答え＿＿＿＿＿＿＿

③　１辺の長さが 10cm の立方体。

式

答え＿＿＿＿＿＿＿

59 体　積（3）

＊　次の立体の体積を
求めましょう。

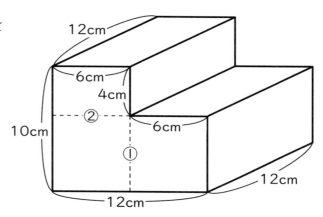

① たてに2つに
分けて求める。

式

答え _____

② 横に2つに分けて求める。
式

答え _____

体　積　（4）

＊ 次の立体の体積を、全体から不要な部分をのぞく方法で求めましょう。

①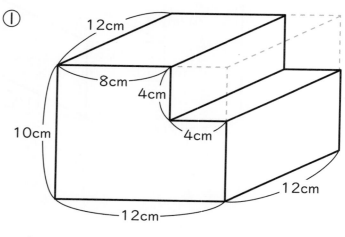

式

答え _____

②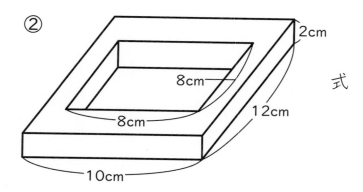

式

答え _____

体　積（5）

　｜辺の長さが｜ m の立方体の体積を **｜立方メートル** といって、｜ m³ とかきます。

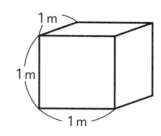

✳　次の立体の体積を求めましょう。

①　たての長さが２ m、横の長さが３ m、高さが４ m の直方体。

　式

　　　　　　　　答え _____

②　｜辺の長さが４ m の立方体。

　式

　　　　　　　　答え _____

体　積（6）

　1 m は 100cm だから 1 m³ は
100 × 100 × 100 = 1000000cm³
になります。

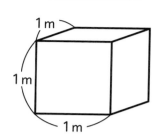

✳　次の立体の体積は何 cm³ ですか。また、それは何 m³ ですか。

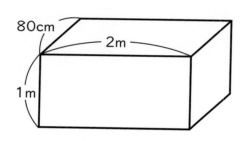

1 m は 100cm だから

答え＿＿＿＿＿＿＿＿ cm³＿＿＿＿ m³＿＿＿

　1 辺の長さが 10cm の立方体の体積が 1 L なので
1 L = 10 × 10 × 10 = 1000cm³
　　　　　　　 = 1000mL
になります。

63 体　積（7）

1 厚さ 0.5cm の板で図のような
マスをつくりました。2L の水を
全部入れようとしたら入りませ
んでした。入らなかったのは何
mL ですか。

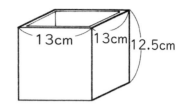

13cm　13cm 12.5cm

式

答え _____

2 内側がたて 30cm、横 45cm の水そうに水が入っていま
す。そこに石を入れたら水面が 1cm 上がりました。石の
体積は何 cm³ ですか。

式

答え _____

体 積 (8)

✴　内側の辺の長さがたて
30cm、横 40cm、高さ
20cm の水そうがあり、
水を 18L 入れました。

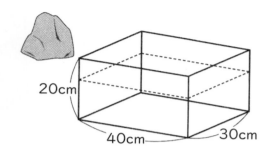

20cm
40cm　30cm

① 　水の深さは何 cm になりますか。

式

答え _____

② 　さらに石をしずめると、水の深さは 15.5cm になりました。石の体積は何 cm³ ですか。

式

答え _____

65 平　均 (1)

いくつかの数量を、等しい大きさになるようにならしたものを **平均** (へいきん) といいます。**平均＝合計÷個数** (ごうけい) (こすう)

1 5個のみかんの平均を求めましょう。

76g　　82g　　80g　　78g　　79g

式

答え _____

2 たまごの重さの平均を求めましょう。

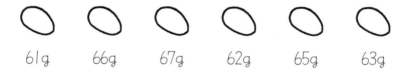

61g　　66g　　67g　　62g　　65g　　63g

式

答え _____

3 4回の計算テストの成績 (せいせき) は 87点、96点、89点、100点でした。平均点を求めましょう。

式

答え _____

平 均 (2)

1 6回の計算テストの平均点は80点でした。6回の計算テストの合計点は何点ですか。

式

答え _____

2 なおきさんの4回の漢字テストの平均点は90点でした。5回目のテストで、100点をとりました。5回の平均点は何点ですか。

式

答え _____

3 けんじさんの5回の算数テストの平均点は85点でした。6回目に97点をとると、平均点は何点になりますか。

式

答え _____

単位あたりの大きさ（1）

＊　林間学校の部屋わりは表のようになりました。

	松	竹	梅
広さ（m²）	12	12	10
人数	5	4	4

① 混んでいる方に〇をつけましょう。

　　広さが同じ……………　松　　竹

　　人数が同じ……………　竹　　梅

② 松と梅の１m²あたりの人数を比べましょう。
　小数第３位を四捨五入します。

　式　松

　　　梅

③ 松と梅の１人あたりの広さを比べましょう。

　式　松

　　　梅

④ 混んでいる順に部屋の名前をかきましょう。

　　（　　　　　　）→（　　　　　　）→（　　　　　　）

68 単位あたりの大きさ（2）

1　4m で 1000 円のリボンがあります。このリボン 1m の
ねだんはいくらですか。

式

答え _____

2　0.6m で 150 円のリボン A と、0.9m が 240 円のリボン
B があります。1m で比べるとどちらが安いですか。
小数第 1 位を四捨五入します。

式

答え _____

3　3m で 75g のはり金 A と、7m で 182g のはり金 B があ
ります。1m あたりの重さは、どちらが重いですか。

式

答え _____

単位あたりの大きさ（3）

1　3 m² の畑に、216g の肥料をまきました。1 m² あたり何 g の肥料をまいたことになりますか。

式

答え _____

2　9 m² の畑から、63.9kg のイモがとれました。1 m² あたり何 kg のイモがとれたことになりますか。

式

答え _____

3　畑 1 m² あたり 90g の肥料をまきます。畑全体にまくには、肥料は 3.6kg 必要です。畑の広さは何 m² ですか。

式

答え _____

70 単位あたりの大きさ（4）

1 100km 走るのに 5L のガソリンを使いました。1L あたり何 km 走りましたか。

式

答え _____

2 30L のガソリンで 720km 走った車 A と、20L のガソリンで 520km 走った車 B があります。1L のガソリンで多く走れるのはどちらですか。

式

答え _____

3 75km 走るのに 3L のガソリンを使った車があります。この車で 400km 走るのに何 L のガソリンが必要ですか。

式

答え _____

71 単位あたりの大きさ（5）

＊　表は、銀と金の
かたまりの体積と
重さを表したもの
です。

	体積（cm³）	重さ（g）
銀	210	2205
金	120	2316

① 　銀の1cm³あたりの重さを求めましょう。

式

答え

② 　金の1cm³あたりの重さを求めましょう。

式

答え

③ 　300cm³の銀のかたまりがあります。この銀の重さを
求めましょう。

式

答え

④ 　1930gの金のかたまりがあります。この金の体積を
求めましょう。

式

答え

72 単位あたりの大きさ（6）

1 　面積が 8km² で、人口 24000 人の町があります。この町の 1km² あたりの人口を求めましょう。

式

答え _____

1km² あたりの人口を **人口密度（じんこうみつど）** といいます。

2 　東京都の人口は 13624000 人で、東京都の面積は 2200km² です。人口密度を求めましょう。小数第 1 位を四捨五入（ししゃごにゅう）します。

式

答え _____

3 　大阪府の人口は 8833000 人で、大阪府の面積は 1900km² です。人口密度を求めましょう。小数第 1 位を四捨五入します。

式

答え _____

速　さ（1）

速さ＝道のり÷時間

1　東海道新幹線は、東京・新大阪間約550kmを2.5時間
で走ります。新幹線の時速を求めましょう。

式

答え _____

2　12kmの道のりを15分で走る自動車があります。この
自動車の分速は、何mですか。

式

答え _____

3　15秒間に5100m伝わる音の秒速を求めましょう。

式

答え _____

74 速　さ（2）

道のり＝速さ×時間

1　時速50km で走る自動車が 2 時間走りました。走った道のりを求めましょう。

式

答え _____

2　分速75m で歩く人が 15 分間で歩く道のりを求めましょう。

式

答え _____

3　打ち上げ花火を見て、5 秒後に音を聞きました。音の秒速を 340m とすると、花火の上がったところまで何m ありますか。

式

答え _____

速　さ（3）

月　　日

時間＝道のり÷速さ

1　時速 50km の自動車が 150km の道のりを走るのにかかる時間を求めましょう。

式

答え _____

2　家から学校まで 1km の道のりを分速 50m で歩くと学校まで何分かかりますか。

式

答え _____

3　秒速 340m で進む音が、2040m はなれたところにとどく時間は何秒ですか。

式

答え _____

76 速 さ (4)

1 5時間で 288km 走る自動車があります。

① この自動車の時速を求めましょう。

式

答え _____

② この自動車の分速は、何 m ですか。

式

答え _____

③ この自動車の秒速は、何 m ですか。

式

答え _____

2 表にあてはまる数をかきましょう。

	秒速	分速	時速
ジェット機	m	14.7km	km
新幹線	75m	m	km
バス	m	m	36km

割合とグラフ（1）

もとにする量を１として比べられる量がいくつになるかを表した数を **割合** といいます。

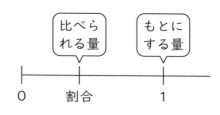

割合＝比べられる量÷もとにする量

1 ひまわりの種 110 個まいたうち、99 個が芽を出しました。芽が出た割合を求めましょう。

式

答え _____

2 定員 45 人乗りのバスに 36 人乗っています。混みぐあいの割合を求めましょう。

式

答え _____

3 サッカー部の定員は 30 人で、希望者は 48 人です。定員に対する希望者の割合を求めましょう。

式

答え _____

78 割合とグラフ（2）

　割合を表すのに、**百分率** を使うことがあります。0.01 を
百分率で表すと 1 ％です。

1 次の割合を百分率で表しましょう。

① 0.05 （　　　　　）　② 0.1 （　　　　　）

③ 0.26 （　　　　　）　④ 0.59 （　　　　　）

⑤ 1 （　　　　　）　⑥ 1.23 （　　　　　）

⑦ 0.4 （　　　　　）　⑧ 0.02 （　　　　　）

　1 ％は 0.01、10 ％は 0.1、100 ％は 1 になります。

2 百分率で表した割合を小数で表しましょう。

① 70 ％ （　　　　　）　② 62 ％ （　　　　　）

③ 8 ％ （　　　　　）　④ 3 ％ （　　　　　）

⑤ 120 ％ （　　　　　）　⑥ 185 ％ （　　　　　）

⑦ 20 ％ （　　　　　）　⑧ 43 ％ （　　　　　）

79 割合とグラフ（3）

比べられる量＝もとにする量×割合

1 ある学校の児童は 320 人です。全体に対する 0.55 の割合が女子です。女子は何人ですか。

式

答え ＿＿＿＿＿＿＿＿＿＿

2 25m² のかべの 62% にペンキをぬりました。何 m² ぬりましたか。

式

答え ＿＿＿＿＿＿＿＿＿＿

3 定価 2000 円の商品を 20% 引きで買いました。いくらで買いましたか。

式

答え ＿＿＿＿＿＿＿＿＿＿

割合を表すのに「**割・分・厘**」を使った **歩合** で表すことがあります。0.1 は 1割、0.01 は 1分、0.001 は 1厘で表します。

80 割合とグラフ（4）

もとにする量＝比(くら)べられる量÷割合(わりあい)

1 持っていたお金の 20% を使って 600 円の本を買いました。はじめに持っていたお金は何円ですか。

式

答え _____

2 「定価(ていか)の 8 割(わり)」と札にかいてあるシャツを 2400 円で買いました。定価はいくらですか。

式

答え _____

3 「6割引き」の安売りコーナーで 1920 円のズボンを買いました。ズボンの定価はいくらですか。

式

答え _____

割合とグラフ（5）

1 バスケットボールのシュートをしました。16回シュートして4回入りました。シュートが入った割合は何%ですか。

式

答え _____

2 定員60人のバスに、定員の130%の人が乗っています。何人乗っていますか。

式

答え _____

3 南小学校の男子は528人で、これは全児童の55%にあたります。全児童数は何人ですか。

式

答え _____

82 割合とグラフ（6）

＊　□ にあてはまる数をかきましょう。

① 100m の 25％は 　　　　　　　　 m です。

② 40g の 30％は 　　　　　　　　 g です。

③ 2500 円の 7 割（わり）は 　　　　　　　　 円です。

④ 50 人の 150％は 　　　　　　　　 人です。

⑤ 25m は、　　　　　　　　 m の 25％にあたります。

⑥ 8.4kg は、　　　　　　　　 kg の 140％にあたります。

⑦ 660 人は、　　　　　　　　 人の 55％にあたります。

⑧ 80 人は、　　　　　　　　 人の 160％にあたります。

⑨ 75g は、　　　　　　　　 g の 25％にあたります。

83 割合とグラフ（7）

＊　駅前の道路で乗り物について調べました。割合と百分率を求め、帯グラフをかきましょう。

乗り物調べ

乗り物	台数（台）	割　合	百分率（％）
乗用車	84		
バイク	44		
トラック	30		
自転車	22		
バ　ス	8		
その他	12		
合　計	200	1	100

乗り物調べ

0　　10　　20　　30　　40　　50　　60　　70　　80　　90　　100
　　　　　　　　　　　　　　　　　　　　　　　　　　　　　　％

84 割合とグラフ（8）

＊　四国のそれぞれの県が四国全体にしめる割合と百分率を求め、円グラフをかきましょう。小数第3位を四捨五入しましょう。

四国地方の県の面積

	面積(百km²)	割　合	百分率（％）
高　知	71		
愛　媛	57		
徳　島	41		
香　川	19		
合　計	188	1	100

四国地方の県の面積

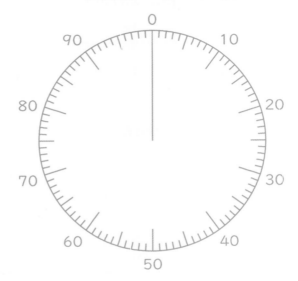

85 かんたんな比例（1）

　次の表は、空の水そうに水を入れたときの水の量と、水の深さの関係を表したものです。

水の量（L）	1	2	3	4	5
水の深さ（cm）	2	4	6	8	10

　2つの量があって、一方の量が2倍、3倍、…… となったとき、別の量も2倍、3倍、…… になるとき、2つの量は **比例する** といいます。

＊　正方形の1辺の長さと周りの長さの表を完成させましょう。

1cm
1cm

1辺の長さ（cm）	1	2	3	4	5
周りの長さ（cm）					

86 かんたんな比例（2）

1 次の表は 1m あたり 2.5kg の鉄ぼうの長さと重さの関係を表したものです。

① 表を完成させましょう。

長さ（cm）	1	2	3	4	5	6
重さ（kg）						

② 鉄ぼうの長さと重さは、比例しているといえますか。

（　　　　　）

2 正方形の1辺の長さと周りの長さの関係を表したものです。

① 表を完成させましょう。

1辺の長さ（cm）	1	2	3	4	5	6
周りの長さ（cm）						

② 正方形の1辺の長さと周りの長さは、比例しているといえますか。

（　　　　　）

1	1	①	3、1、4
		②	0、3、5
		③	8、2、4、6
		④	7、3、5、7
		⑤	213
		⑥	459
		⑦	3584
	2	①	＞　② ＞
		③	＜　④ ＞

2　1　① 28.4、284、2840
　　　② 34.9、349、3490
　　　③ 43.75、437.5、4375
　2　① 63.7、6.37、0.637
　　　② 48.9、4.89、0.489
　　　③ 123.4、12.34、1.234

3　① 122.4　② 117.5
　③ 359.1

4　① 30.24　② 28.14
　③ 67.94

5　① 41.04　② 33.82
　③ 76.44　④ 73.32
　⑤ 53.72　⑥ 50.35
　⑦ 31.28　⑧ 23.52
　⑨ 33.95

6　① 40.5　② 15.5
　③ 34.2　④ 11
　⑤ 27　⑥ 23.8
　⑦ 60.8　⑧ 27.3
　⑨ 68.4

7　① 0.18　② 0.56
　③ 0.18　④ 0.2
　⑤ 0.3　⑥ 0.4
　⑦ 0.024　⑧ 0.056
　⑨ 0.246　⑩ 0.01
　⑪ 0.04　⑫ 0.25

8　① 12.663　② 56.163
　③ 12.482　④ 23.121
　⑤ 25.95　⑥ 27.63

9　① 5　② 6

10　① 4　② 6
　③ 8　④ 7
　⑤ 14　⑥ 12

11　① 8.5　② 7.2
　③ 7.7　④ 5.4

12　① 0.5　② 0.6
　③ 0.6　④ 0.5
　⑤ 0.5　⑥ 0.5

13　① 0.75　② 0.92
　③ 0.75　④ 0.25

14	1	① 1.75	②	1.25
	2	①、⑥		

15 ① 7あまり0.1　② 3あまり0.2
③ 8あまり1.6　④ 6あまり0.2

16 1 ① 2.4　　② 5.2
③ 3.5　　④ 6.7
⑤ 4.8　　⑥ 3.4
2 ① 1.85 → 1.9
② 2.17 → 2.2

17 1 奇数 15、21、39
偶数 12、26、38
2 奇数 135、231、349
偶数 158、254、338
3 ① 偶数
② 奇数
③ 奇数
④ 偶数
⑤ 偶数

18 1 ① 3、6、9
② 4、8、12
③ 5、10、15
④ 6、12、18
⑤ 7、14、21
⑥ 8、16、24
⑦ 9、18、27
2 ① 10、20、30
② 11、22、33
③ 12、24、36
④ 13、26、39

19 ① 3の倍数 3、6、9、12
4の倍数 4、8、12
公倍数 12、24、36
② 4の倍数 4、8、12、16
6の倍数 6、12、18、24
公倍数 12、24、36
③ 2の倍数 2、4、6、8
4の倍数 4、8、12
公倍数 4、8、12

20 ① 12　　② 6
③ 24　　④ 20
⑤ 8　　⑥ 18

21 ① 3の約数 ①2③
② 4の約数 ①②3④
③ 5の約数 ①2 3 4⑤
④ 6の約数 ①②③4 5⑥
⑤ 8の約数 ①②3④5 6 7⑧
⑥ 9の約数 ①2③4 5 6 7 8⑨

22
① 8の約数 1、2、4、8
12の約数 1、2、3、4、6、12
公約数 1、2、4
② 12の約数 1、2、3、4、6、12
18の約数 1、2、3、6、9、18
公約数 1、2、3、6
③ 16の約数 1、2、4、8、16
24の約数 1、2、3、4、6、8、
12、24
公約数 1、2、4、8

23 ① 4　　② 9
③ 4　　④ 9
⑤ 7　　⑥ 6

24　1　24 と 30 の最大公約数は 6
　　　　　　<u>1 辺の長さ 6 cm の正方形</u>
　　　2　15 と 20 の最小公倍数は 60、60 分
　　　おきだから　　　　　　<u>午前 8 時</u>

25　①　点 A と点 F
　　　　　点 B と点 E
　　　　　点 C と点 D
　　②　辺 A B と辺 F E
　　　　　辺 B C と辺 E D
　　　　　辺 C A と辺 D F
　　③　角 A と角 F
　　　　　角 B と角 E
　　　　　角 C と角 D

26　⑦と①、①と④
　　　⑦と⑦、⑦と⑦
　　　⑦と⑦　（順不同）

27
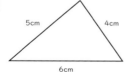

28

29
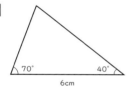

30
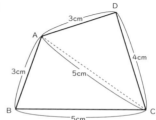

31　①　$\dfrac{1}{2}$　　　②　$\dfrac{6}{7}$

　　③　$\dfrac{4}{9}$　　　④　$\dfrac{1}{3}$

　　⑤　$\dfrac{4}{5}$　　　⑥　$\dfrac{1}{4}$

　　⑦　$\dfrac{1}{3}$　　　⑧　$\dfrac{3}{5}$

　　⑨　$\dfrac{2}{3}$　　　⑩　$\dfrac{4}{5}$

　　⑪　$\dfrac{1}{2}$　　　⑫　$\dfrac{2}{3}$

32　①　$\dfrac{3}{6}$　と　$\dfrac{2}{6}$

　　②　$\dfrac{3}{12}$　と　$\dfrac{4}{12}$

　　③　$\dfrac{21}{28}$　と　$\dfrac{16}{28}$

　　④　$\dfrac{10}{15}$　と　$\dfrac{9}{15}$

　　⑤　$\dfrac{25}{30}$　と　$\dfrac{12}{30}$

　　⑥　$\dfrac{15}{20}$　と　$\dfrac{16}{20}$

　　⑦　$\dfrac{5}{10}$　と　$\dfrac{4}{10}$

33
① $\dfrac{2}{4}$ と $\dfrac{3}{4}$

② $\dfrac{3}{6}$ と $\dfrac{5}{6}$

③ $\dfrac{6}{8}$ と $\dfrac{3}{8}$

④ $\dfrac{6}{9}$ と $\dfrac{5}{9}$

⑤ $\dfrac{3}{12}$ と $\dfrac{5}{12}$

⑥ $\dfrac{9}{10}$ と $\dfrac{8}{10}$

⑦ $\dfrac{10}{21}$ と $\dfrac{9}{21}$

⑧ $\dfrac{13}{18}$ と $\dfrac{15}{18}$

34
① $\dfrac{3}{18}$ と $\dfrac{2}{18}$

② $\dfrac{3}{12}$ と $\dfrac{2}{12}$

③ $\dfrac{4}{18}$ と $\dfrac{3}{18}$

④ $\dfrac{3}{30}$ と $\dfrac{2}{30}$

⑤ $\dfrac{3}{24}$ と $\dfrac{4}{24}$

⑥ $\dfrac{9}{24}$ と $\dfrac{10}{24}$

⑦ $\dfrac{8}{42}$ と $\dfrac{9}{42}$

⑧ $\dfrac{25}{60}$ と $\dfrac{28}{60}$

35
① $\dfrac{7}{14} + \dfrac{4}{14} = \dfrac{11}{14}$

② $\dfrac{21}{28} + \dfrac{4}{28} = \dfrac{25}{28}$

③ $\dfrac{2}{14} + \dfrac{1}{14} = \dfrac{3}{14}$

④ $\dfrac{12}{16} + \dfrac{1}{16} = \dfrac{13}{16}$

⑤ $\dfrac{5}{40} + \dfrac{4}{40} = \dfrac{9}{40}$

⑥ $\dfrac{15}{24} + \dfrac{4}{24} = \dfrac{19}{24}$

⑦ $\dfrac{15}{20} + \dfrac{2}{20} = \dfrac{17}{20}$

⑧ $\dfrac{10}{18} + \dfrac{3}{18} = \dfrac{13}{18}$

36
① $\dfrac{3}{12} + \dfrac{5}{12} = \dfrac{8}{12} = \dfrac{2}{3}$

② $\dfrac{4}{15} + \dfrac{6}{15} = \dfrac{10}{15} = \dfrac{2}{3}$

③ $\dfrac{4}{18} + \dfrac{5}{18} = \dfrac{9}{18} = \dfrac{1}{2}$

④ $\dfrac{3}{15} + \dfrac{7}{15} = \dfrac{10}{15} = \dfrac{2}{3}$

⑤ $\dfrac{2}{30} + \dfrac{3}{30} = \dfrac{5}{30} = \dfrac{1}{6}$

⑥ $\dfrac{9}{30} + \dfrac{5}{30} = \dfrac{14}{30} = \dfrac{7}{15}$

⑦ $\dfrac{9}{60} + \dfrac{26}{60} = \dfrac{35}{60} = \dfrac{7}{12}$

⑧ $\dfrac{8}{60} + \dfrac{25}{60} = \dfrac{33}{60} = \dfrac{11}{20}$

37
① $2\dfrac{2}{3}$

② $1\dfrac{12}{15} + 1\dfrac{7}{15} = 2\dfrac{19}{15} = 3\dfrac{4}{15}$

③ $2\dfrac{8}{12} + \dfrac{9}{12} = 2\dfrac{17}{12} = 3\dfrac{5}{12}$

④ $2\dfrac{21}{24} + \dfrac{4}{24} = 2\dfrac{25}{24} = 3\dfrac{1}{24}$

38 1 $\dfrac{3}{4} + \dfrac{5}{6} = \dfrac{9}{12} + \dfrac{10}{12} = \dfrac{19}{12}$

$$\underline{\dfrac{19}{12}\text{L}\ \left(1\dfrac{7}{12}\text{L}\right)}$$

2 $3\dfrac{1}{7} + 2\dfrac{5}{9} = 3\dfrac{9}{63} + 2\dfrac{35}{63}$

$= 5\dfrac{44}{63}$

$$\underline{5\dfrac{44}{63}\text{ km}}$$

3 $\dfrac{1}{4} + \dfrac{1}{5} = \dfrac{5}{20} + \dfrac{4}{20} = \dfrac{9}{20}$

$$\underline{\text{全体の}\dfrac{9}{20}}$$

39 ① $\dfrac{7}{42} - \dfrac{6}{42} = \dfrac{1}{42}$

② $\dfrac{8}{24} - \dfrac{3}{24} = \dfrac{5}{24}$

③ $\dfrac{3}{15} - \dfrac{1}{15} = \dfrac{2}{15}$

④ $\dfrac{6}{9} - \dfrac{5}{9} = \dfrac{1}{9}$

⑤ $\dfrac{3}{12} - \dfrac{2}{12} = \dfrac{1}{12}$

⑥ $\dfrac{10}{24} - \dfrac{3}{24} = \dfrac{7}{24}$

⑦ $\dfrac{20}{24} - \dfrac{9}{24} = \dfrac{11}{24}$

⑧ $\dfrac{21}{36} - \dfrac{8}{36} = \dfrac{13}{36}$

40 ① $\dfrac{14}{18} - \dfrac{5}{18} = \dfrac{9}{18} = \dfrac{1}{2}$

② $\dfrac{5}{12} - \dfrac{3}{12} = \dfrac{2}{12} = \dfrac{1}{6}$

③ $\dfrac{23}{24} - \dfrac{9}{24} = \dfrac{14}{24} = \dfrac{7}{12}$

④ $\dfrac{7}{30} - \dfrac{4}{30} = \dfrac{3}{30} = \dfrac{1}{10}$

⑤ $\dfrac{25}{30} - \dfrac{21}{30} = \dfrac{4}{30} = \dfrac{2}{15}$

⑥ $\dfrac{25}{60} - \dfrac{16}{60} = \dfrac{9}{60} = \dfrac{3}{20}$

⑦ $\dfrac{26}{30} - \dfrac{5}{30} = \dfrac{21}{30} = \dfrac{7}{10}$

⑧ $\dfrac{28}{30} - \dfrac{3}{30} = \dfrac{25}{30} = \dfrac{5}{6}$

41 ① $1\dfrac{1}{3}$

② $2\dfrac{6}{15} - 1\dfrac{1}{15} = 1\dfrac{5}{15} = 1\dfrac{1}{3}$

③ $4\dfrac{6}{8} - 1\dfrac{5}{8} = 3\dfrac{1}{8}$

④ $2\dfrac{25}{30} - 1\dfrac{12}{30} = 1\dfrac{13}{30}$

42 1 $\dfrac{5}{6} - \dfrac{1}{4} = \dfrac{10}{12} - \dfrac{3}{12} = \dfrac{7}{12}$

$$\underline{\dfrac{7}{12}\text{L}}$$

2 $\dfrac{4}{5} - \dfrac{1}{2} = \dfrac{8}{10} - \dfrac{5}{10} = \dfrac{3}{10}$

$$\underline{\dfrac{3}{10}\text{L}}$$

3 $1\dfrac{7}{10} - 1\dfrac{1}{4} = 1\dfrac{14}{20} - 1\dfrac{5}{20}$

$= \dfrac{9}{20}$

$$\underline{\dfrac{9}{20}\text{ km}}$$

43 ① $4 \times 3 = 12$ <u>12cm²</u>
   ② $2 \times 4 = 8$ <u>8cm²</u>

44 1 ① $5 \times 3 = 15$ <u>15cm²</u>
    ② $3 \times 3 = 9$ <u>9cm²</u>
  2 B 6cm²   C 9cm²

45 ① $4 \times 3 \div 2 = 6$ <u>6cm²</u>
   ② $4 \times 3 \div 2 = 6$ <u>6cm²</u>

46 1 ① $5 \times 2 \div 2 = 5$ <u>5cm²</u>
    ② $4 \times 2 \div 2 = 4$ <u>4cm²</u>
  2 B 3cm²   C 6cm²

47 ① $(2 + 4) \times 2 \div 2 = 6$ <u>6cm²</u>
   ② $(3 + 5) \times 3 \div 2 = 12$ <u>12cm²</u>

48 ① $6 \times 4 \div 2 = 12$ <u>12cm²</u>
   ② $6 \times 2 \div 2 = 6$ <u>6cm²</u>

49 ① 正三角形   ② 正方形
   ③ 正五角形   ④ 正六角形

50 1 ①

   ②

  2 ① 120°   ② 72°
    ③ 60°   ④ 45°

51 ① $8 \times 3.14 = 25.12$ <u>25.12cm</u>
   ② $5 \times 2 = 10$
    $10 \times 3.14 = 31.4$ <u>31.4cm</u>

52 1 $31.4 \div 3.14 = 10$ <u>10cm</u>
  2 ① $10 \times 3.14 \div 2 = 15.7$
      $5 \times 3.14 = 15.7$
      $15.7 + 15.7 = 31.4$ <u>31.4cm</u>
   ② $20 \times 3.14 \div 4 = 15.7$
      $15.7 \times 2 = 31.4$ <u>31.4cm</u>

53 ① 三角柱   ② 四角柱
   ③ 五角柱   ④ 六角柱

54

	①	②	③
ちょう点の数	10	12	
辺の数	15	18	
側面の数	5	6	1
底面の数	2	2	2

55
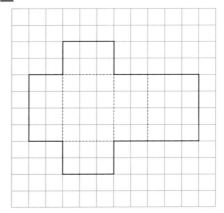

56

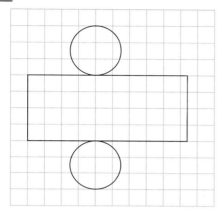

57　① $3 \times 1 = 3$ 　　　　　　　　　$3\,\text{cm}^3$

　　② $4 \times 2 = 8$ 　　　　　　　　　$8\,\text{cm}^3$

　　③ $4 \times 2 \times 2 = 16$ 　　　　　16cm^3

58　① $4 \times 3 \times 1 = 12$ 　　　　　12cm^3

　　② $2 \times 2 \times 2 = 8$ 　　　　　$8\,\text{cm}^3$

　　③ $10 \times 10 \times 10 = 1000$

　　　　　　　　　　　　　　　1000cm^3

59　① $12 \times 6 \times 10 = 720$

　　　 $12 \times 6 \times 6 = 432$

　　　 $720 + 432 = 1152$

　　　　　　　　　　　　　　　1152cm^3

　　② $12 \times 6 \times 4 = 288$

　　　 $12 \times 12 \times 6 = 864$

　　　 $288 + 864 = 1152$

　　　　　　　　　　　　　　　1152cm^3

60　① $12 \times (8 + 4) \times 10 = 1440$

　　　 $12 \times 4 \times 4 = 192$

　　　 $1440 - 192 = 1248$

　　　　　　　　　　　　　　1248cm^3

　　② $12 \times 10 \times 2 = 240$

　　　 $8 \times 8 \times 2 = 128$

　　　 $240 - 128 = 112$

　　　　　　　　　　　　　　112cm^3

61　① $2 \times 3 \times 4 = 24$ 　　　　　24m^3

　　② $4 \times 4 \times 4 = 64$ 　　　　　64m^3

62　1 m は 100cm だから

　　　 $80 \times 200 \times 100 = 1600000$

　　　　　　　　　1600000cm^3、1.6m^3

63　1　$13 - 0.5 \times 2 = 12$

　　　 $12.5 - 0.5 = 12$

　　　 $12 \times 12 \times 12 = 1728$

　　　 $2\,\text{L} = 2000\text{cm}^3 = 2000\text{mL}$

　　　 $2000 - 1728 = 272$

　　　　　　　　　　　　　　272mL

　　　2　$30 \times 45 \times 1 = 1350$

　　　　　　　　　　　　　　1350cm^3

64　① $30 \times 40 = 1200$

　　　 $18\text{L} = 18000\text{cm}^3$

　　　 $18000 \div 1200 = 15$

　　　　　　　　　　　　　　　15cm

　　② $1200 \times 0.5 = 600$

　　　　　　　　　　　　　　600cm^3

65　1　76 + 82 + 80 + 78 + 79 = 395
　　　　395 ÷ 5 = 79　　　　　　　　**79点**
　　2　61 + 66 + 67 + 62 + 65 + 63
　　 = 384　　384 ÷ 6 = 64　　　**64点**
　　3　87 + 96 + 89 + 100 = 372
　　　　372 ÷ 4 = 93　　　　　　　**93点**

66　1　80 × 6 = 480　　　　　　　**480点**
　　2　90 × 4 + 100 = 460
　　　　460 ÷ 5 = 92　　　　　　　**92点**
　　3　85 × 5 + 97 = 522
　　　　522 ÷ 6 = 87　　　　　　　**87点**

67　①　広さが同じ……松
　　　　人数が同じ……梅
　　②　松　5 ÷ 12 = 0.42
　　　　梅　4 ÷ 10 = 0.4
　　③　松　12 ÷ 5 = 2.4
　　　　梅　10 ÷ 4 = 2.5
　　④　松→梅→竹

68　1　1000 ÷ 4 = 250　　　　　　**250円**
　　2　A　150 ÷ 0.6 = 250
　　　　B　240 ÷ 0.9 = 267　　**リボンA**
　　3　A　75 ÷ 3 = 25
　　　　B　182 ÷ 7 = 26　　　**はり金B**

69　1　216 ÷ 3 = 72　　　　　　　**72点**
　　2　63.9 ÷ 9 = 7.1　　　　　　**7.1kg**
　　3　3.6kg = 3600g
　　　　3600 ÷ 90 = 40　　　　　　**40m²**

70　1　100 ÷ 5 = 20　　　　　　**20km**
　　2　A　720 ÷ 30 = 24
　　　　B　520 ÷ 20 = 26　　　　**車B**
　　3　75 ÷ 3 = 25
　　　　400 ÷ 25 = 16　　　　　　**16L**

71　①　2205 ÷ 210 = 10.5
　　　　　　　　　　　　　　　　10.5点
　　②　2316 ÷ 120 = 19.3
　　　　　　　　　　　　　　　　19.3点
　　③　10.5 × 300 = 3150
　　　　　　　　　　　　　　　　3150点
　　④　1930 ÷ 19.3 = 100
　　　　　　　　　　　　　　　100cm³

72　1　24000 ÷ 8 = 3000
　　　　　　　　　　　　　　　　3000人
　　2　13624000 ÷ 2200 = 6192.7
　　　　　　　　　　　　　　　　6193人
　　3　8833000 ÷ 1900 = 4648.9
　　　　　　　　　　　　　　　　4649人

73　1　550 ÷ 2.5 = 220
　　　　　　　　　　　　　時速220km
　　2　12km = 12000m だから
　　　　12000 ÷ 15 = 800
　　　　　　　　　　　　　分速800m
　　3　5100 ÷ 15 = 340
　　　　　　　　　　　　　秒速340m

74	1	$50 \times 2 = 100$
		<u>100km</u>
	2	$75 \times 15 = 1125$
		<u>1125m</u>
	3	$340 \times 5 = 1700$
		<u>1700m</u>

75	1	$150 \div 50 = 3$
		<u>3時間</u>
	2	$1\ km = 1000m$
		$1000 \div 50 = 20$
		<u>20分間（20分）</u>
	3	$2040 \div 340 = 6$
		<u>6秒間（6秒）</u>

76 1 ① $288 \div 5 = 57.6$

時速 <u>57.6km</u>

② $57.6km = 57600m$
$57600 \div 60 = 960$

分速 <u>960m</u>

③ $960 \div 60 = 16$

秒速 <u>16m</u>

2

	秒速	分速	時速
ジェット機	245m	14.7km	882km
新幹線	75m	4500m	270km
バス	10m	600m	36km

77 1 $99 \div 110 = 0.9$

<u>0.9</u>

2 $36 \div 45 = 0.8$

<u>0.8</u>

3 $48 \div 30 = 1.6$

<u>1.6</u>

78 1

①	5 %	②	10%
③	26%	④	59%
⑤	100%	⑥	123%
⑦	40%	⑧	2 %

2

①	0.7	②	0.62
③	0.08	④	0.03
⑤	1.2	⑥	1.85
⑦	0.2	⑧	0.43

79 1 $320 \times 0.55 = 176$

<u>176人</u>

2 $25 \times 0.62 = 15.5$

<u>15.5m^2</u>

3 $2000 \times (1 - 0.2) = 1600$

<u>1600円</u>

80 1 $600 \div 0.2 = 3000$

<u>3000円</u>

2 $2400 \div 0.8 = 3000$

<u>3000円</u>

3 $1 - 0.6 = 0.4$
$1920 \div 0.4 = 4800$

<u>4800円</u>

81 1 $4 \div 16 = 0.25$

<u>25%</u>

2 $60 \times 1.3 = 78$

<u>78人</u>

3 $528 \div 0.55 = 960$

<u>960人</u>

82
① 25
② 12
③ 1750
④ 75
⑤ 100
⑥ 6
⑦ 1200
⑧ 50
⑨ 300

83

乗り物調べ

乗り物	台数（台）	割　合	百分率（％）
乗用車	84	0.42	42
バイク	44	0.22	22
トラック	30	0.15	15
自転車	22	0.11	11
バ　ス	8	0.04	4
その他	12	0.06	6
合　計	200	1	100

乗り物調べ

84

四国地方の県の面積

	面積（百km²）	割　合	百分率（％）
高　知	71	0.38	38
愛　媛	57	0.3	30
徳　島	41	0.22	22
香　川	19	0.1	10
合　計	188	1	100

四国地方の県の面積

85

1辺の長さ（cm）	1	2	3	4	5
周りの長さ（cm）	4	8	12	16	20

86 1 ①

長さ（cm）	1	2	3	4	5	6
重さ（kg）	2.5	5	7.5	10	12.5	15

② いえる

2 ①

1辺の長さ（cm）	1	2	3	4	5	6
周りの長さ（cm）	4	8	12	16	20	24

② いえる